筑桥知识星球

鸟类住在哪儿？

献给薇姬·霍利菲尔德，是她以独到的编辑视角，在初见本书手稿时就觉察出了它们的潜力。

——梅丽莎·斯图尔特

谨以此书献给伯爵夫人和弗雷德·梅特卡夫，是他们的爱、关心和善良给了我创作的动力。

——希金斯·邦德

图书在版编目（CIP）数据

神奇动物住哪里？. 鸟类住在哪儿？/（美）梅丽莎·斯图尔特著；（美）希金斯·邦德绘；项思思译. -- 成都：四川科学技术出版社，2023.9

ISBN 978-7-5727-0703-2

Ⅰ. ①神… Ⅱ. ①梅… ②希… ③项… Ⅲ. ①鸟类－少儿读物 Ⅳ. ① Q95-49

中国版本图书馆 CIP 数据核字 (2022) 第 169039 号

著作权合同登记图进字 21-2022-232 号
First published in the United States under the title A PLACE FOR BIRDS
by Melissa Stewart, illustrated by Higgins Bond.

Published by arrangement with Peachtree Publishing Company Inc.

神奇动物住哪里？ 鸟类住在哪儿？
SHENQI DONGWU ZHU NALI? NIAOLEI ZHU ZAI NAR?

著　　者　[美]梅丽莎·斯图尔特
绘　　者　[美]希金斯·邦德
译　　者　项思思
出 品 人　程佳月
项目策划　筑桥童书
责任编辑　张湉湉
内容策划　林　跞
助理编辑　朱　光　魏晓涵
装帧设计　浦江悦　王竹臣
责任出版　欧晓春
出版发行　四川科学技术出版社
地　　址　成都市锦江区三色路 238 号　邮政编码：610023
　　　　　官方微博：http://weibo.com/sckjcbs
　　　　　官方微信公众号：sckjcbs
　　　　　传真：028-86361756
成品尺寸　235 mm × 210 mm
印　　张　2
字　　数　40 千
印　　刷　河北鹏润印刷有限公司
版　　次　2023 年 9 月第 1 版
印　　次　2023 年 9 月第 1 次印刷
定　　价　128.00 元（全 6 册）

ISBN 978-7-5727-0703-2

筑桥知识星球
神奇动物住哪里？
鸟类住在哪儿？
[美]梅丽莎·斯图尔特/著 [美]希金斯·邦德/绘 项思思/译
四川科学技术出版社

鸟类的羽毛色彩亮丽，声音婉转动听，令我们的世界多姿多彩。但人类的一些行为让它们的生存和繁衍艰难无比。如果我们可以齐心协力帮助这些长着翅膀的小生灵，它们就能在地球上始终保有一片栖身之所。

◈羽毛和飞行

鸟类最典型的特征就是羽毛。羽毛作用很多，不仅能保暖防水，还能帮助鸟类躲避敌人、吸引异性。最重要的是，鸟类想要飞行也离不开羽毛。在飞翔时，空气从它们的翼羽平滑流过；尾羽则可以帮助它们控制方向、减速，以及保持平衡。

▲大蓝鹭成鸟和雏鸟

和其他生物一样，鸟类也需要一个安全的环境来哺育后代。许多鸟类都会在靠近海洋的地方生蛋。如果我们可以划出一部分沙滩，并加以保护，鸟类就能生存并得以繁衍。

◆笛鸻

héng

笛鸻习惯在沙滩或石滩上生蛋，不过它们的蛋和雏鸟的颜色与周围的沙滩极为相似，所以去沙滩上晒太阳和慢跑的人一不小心就会踩到它们。20 世纪 80 年代末期，人们开始采取一些保护措施，用围栏把笛鸻繁育雏鸟的部分沙滩围挡起来。自 2010 年起，笛鸻的数量已开始回升。

有些鸟类只在狭小的洞里筑巢。如果我们可以制作一些大小和形状合适的巢箱，鸟类就能生存并得以繁衍。

◈东蓝鸲

东蓝鸲过去常在枯树和腐烂的篱笆桩中筑巢。不过近些年来，人们一直在砍伐枯树，农民们也逐渐用金属栅栏取代了木栅栏。好在有些鸟类观察者发现了这些变化，开始为东蓝鸲制作巢箱。他们的努力有了成效，现在东蓝鸲的数量已经有了显著的增加。

许多鸟类习惯在广袤的田野里筑巢。如果人们可以为鸟类划出一片新的草坪栖息地，它们就能生存并得以繁衍。

◈草蜢沙鹀

wú

从前，新英格兰的大部分土地上都是各种田野开阔的小型农场。但在过去的几十年间，民宅和购物广场渐渐取代了这些原野。为了替草蜢沙鹀和其他生活在草地上的鸟类开拓一片新的栖息地，科学家们便留出了607余公顷的土地供它们繁衍生息。这片土地每年只会被修剪一次，这样鸟类就能有充足的空间和时间生蛋、抚育雏鸟。

即使鸟类在安全的地方筑巢，它们的雏鸟也可能无法顺利地长大。如果成鸟吃了含有有毒化学物质的食物，生下的蛋也不会健康。如果我们不再使用危险的化学制品，鸟类就能生存并得以繁衍。

◈白头海雕

20 世纪 40 年代，为了防治农业病虫害，农民开始使用一种名为滴滴涕的有机氯农药来消灭害虫。农药中的部分毒素流入了河流与小溪，进入鱼的身体。白头海雕吃了这些鱼后生下的蛋，外壳会非常薄，而孵化出的幼鸟也无法存活。到 1963 年，美国本土野生白头海雕仅剩约 400 对，所以许多人都提倡禁用滴滴涕。1973年，人们的倡议终于得以推行。如今美国本土的白头海雕数量已回升至 9 000 余对。

成鸟同样面临着许多危险。入侵栖息地的新物种，会给一些鸟类带来生存危机。如果人们可以阻止这些入侵物种进入鸟类的自然栖息地，同时帮助它们驱逐这些不速之客，当地的鸟类就能生存并得以繁衍。

◆冠旋蜜雀

农场动物随着早期移民来到夏威夷，其中部分逃到野外繁衍生息。年复一年，山羊吃掉了许多的雨林植物；猪在拱土时破坏了许多植被。雨林植物越来越少，以花蜜为食的冠旋蜜雀生活举步维艰。好在相关人士采取了行动：他们在冠旋蜜雀的栖息地周围竖起了篱笆，以防猪和山羊踏足。

每年春秋时节，候鸟都要迁徙很远的路程。城市中明亮的灯光会误导它们，使其撞上建筑物。如果人们能在迁徙季的晚上关上灯，候鸟们就能生存并得以繁衍。

◆隐夜鸫(dōng)

每年秋天，数百万只候鸟都会向南迁徙，找寻温暖的、食物充足的地方越冬。次年春天，它们又会返回北边的家，寻找伴侣，生儿育女。隐夜鸫这种候鸟在飞行时依靠星星辨别方向，所以常常被城市的灯光误导，撞上高楼。从 1995 年起，每到候鸟迁徙的季节，候鸟迁徙途经地的人们都会把大厦的灯光关掉或调暗。这个措施每年能挽救 1 万多只候鸟的生命，还节约了许多能源。

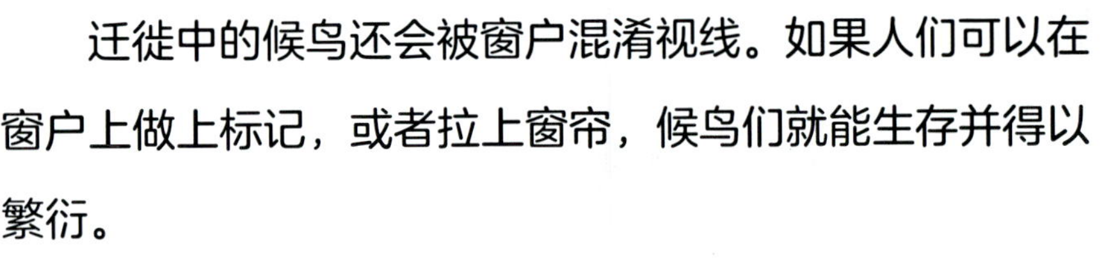

迁徙中的候鸟还会被窗户混淆视线。如果人们可以在窗户上做上标记，或者拉上窗帘，候鸟们就能生存并得以繁衍。

◆朱红蜂鸟

美国每年至少有 3.65 亿只鸟因不慎撞上玻璃窗而死，其中以朱红蜂鸟等候鸟的数量最多。窗玻璃会反射树或者灌木丛的景象，惹得鸟儿误会。有时透过一扇窗户，可以看到对面窗户里的景象和灯光，这也可能导致鸟儿误撞上去。为了避免鸟儿撞上玻璃窗，我们可以在窗户上装点窗花、拉上窗帘或使用百叶窗。

有的鸟类常在人类后院的喂鸟器进食。善良的人们在后院设喂鸟器，但在此进食的鸟儿也可能会被饥饿的猫咪攻击。如果人们可以把猫咪养在屋内，小鸟们就能生存并得以繁衍。

◈北美红雀

猫是捕食者，它们的天性就好攻击会动的物体。北美红雀和其他鸟类都是它们的捕猎对象。据科学家彼得·马拉估计，美国每年因猫捕食而丧命的鸟多达 37 亿只。把猫养在室内，可以大大降低北美红雀、山雀和其他来到人类后院觅食的鸟类受伤的风险。

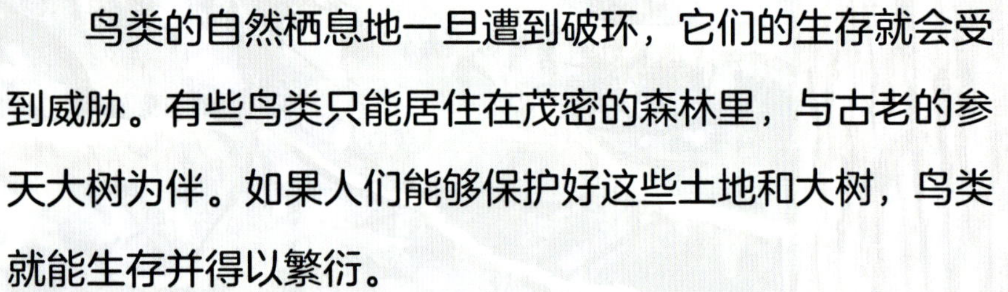

鸟类的自然栖息地一旦遭到破坏，它们的生存就会受到威胁。有些鸟类只能居住在茂密的森林里，与古老的参天大树为伴。如果人们能够保护好这些土地和大树，鸟类就能生存并得以繁衍。

◈斑点猫头鹰

在过去的 150 年间，美国西部超过 80% 的原始森林遭到了砍伐。如果这一势头得不到遏制，这些森林和林中的生物，不久之后都会消失不见。2008 年，美国的亚利桑那州、犹他州、科罗拉多州和新墨西哥州都划出了一大片土地，作为斑点猫头鹰的保护地。如今，科学家们殷切地希望这些鸟儿可以生存繁衍下去。

有些鸟类只能在开阔的林地生活，与小树苗为伴。如果人们可以为鸟类恢复这些林区，它们就能生存并得以繁衍。

◈黑纹背林莺

黑纹背林莺栖息在北美短叶松林，在松树下的草地上筑巢、觅食。很久以前，这片土地上常常会有自然的、规律的森林大火，融化松脂，散出松子，长成新生的北美短叶松。但自从人类在这儿定居，野火就会被及时扑灭，影响了黑纹背林莺的生存环境。1987 年，黑纹背林莺已濒临灭绝。好在近年来人们为它们创设了新的栖息地，这份努力也已收获了一定的成效。黑纹背林莺种群正在繁衍壮大，并且数量已经有了回升。

有些鸟类的栖息地非常适合建造房屋，种植庄稼。如果人们可以保护好这些自然栖息地，鸟类就能生存并得以繁衍。

◈佛罗里达丛鸦

佛罗里达丛鸦喜欢栖居在沙丘的灌木丛中。这里干燥、沙质的土壤非常容易清理和重建，是橘子树和葡萄柚树的理想种植地。因此佛罗里达丛鸦很快便失去了家园。一些来自佛罗里达州塞巴斯蒂安鹈鹕岛小学的孩子得知了它们的困难，马上展开了行动。孩子们用五年的时间募集到了足够的资金，买下学校附近 8 公顷的灌木丛作为佛罗里达丛鸦的新家。

如果鸟类大量死亡，其他生物的生存也会受到影响。这也是为何保护鸟类及其栖息地如此重要。

◈植物需要鸟类

许多鸟类都吃浆果等果实，但它们消化不了果实里的种子，所以种子会随着鸟儿的排泄物掉进土里。如果遇到肥沃湿润的土壤，种子就会生根发芽，长成一棵新的植株。许多植物都依赖鸟儿把种子散播到各地。

◈其他动物需要鸟类

鸟类是食物链的重要组成部分。鸟蛋和雏鸟是浣熊、蛇、蜥蜴、狐狸、土狼、貂、鼬鼠、臭鼬和鳄龟的食物来源。成鸟则是狐狸、土狼、鼬鼠、獾(huān)、貂等动物的食物。所以，如果鸟类灭绝了，许多生物都要饿肚子。

鸟类是恐龙的现代亲戚，已经在地球上生活了大约 1.5 亿年之久。虽然人类活动有时候会伤害鸟类，但仍有许多方法可帮助这些长着翅膀的小生灵长长久久地生存下去。

◈保护鸟类，保护人类

建造花园可以满足鸟儿所有的生存所需。花园里应该设有供水系统，种上各种植物。有的植物给鸟儿提供庇护，有的则提供果实供它们食用。可以请当地园艺中心的工作人员帮忙挑选植物，他们更清楚哪些植物适合当地气候，容易存活。有了花园，不仅可以欣赏到各种鸟儿和其他生物，或许你还会发现恼人的昆虫越来越少了，因为有些鸟儿一下午就能吃掉 1 000 只蚊子呢。

◈救救鸟类

- 把猫咪养在室内。
- 在家里或学校的窗户上做上记号，或拉上窗帘、关上百叶窗，避免鸟儿的视线受到干扰。
- 不要喷洒可能对鸟类有害的化学制剂。
- 加入附近的观鸟小组。
- 在社区或自己家的院子里为野生动物搭建一个花园。
- 为鸟儿设计一张邮票。

▷ 与鸟类有关的二三事 ◁

※ 没人知道世界上到底有多少种鸟类。到目前为止，科学家们已经发现并命名的鸟有 1 万多种。

※ 所有鸟类都是卵生的，鸟巢的形状和大小各不相同。

※ 许多鸟类都在春季和秋季迁徙。小小的北极燕鸥从南方的家出发，要跋涉约 2 万千米的路程才能到达北方的家。

※ 鸟类没有牙齿。它们用自己坚硬的喙(huì)抓取、撕碎食物。

※ 有的科学家认为，鸟类是由小型食肉恐龙进化而来的。